図解でまるわかり！
ごみのゆくえ と リサイクル

監修 松藤敏彦　協力 滝沢秀一（マシンガンズ）（ごみ清掃員）

❶ もえるごみ

図解でまるわかり！
ごみのゆくえとリサイクル

❶ もえるごみ
もくじ

はじめに
みんなが出したもえるごみはどこへいく？ ……… 3

分別してみよう
もえるごみってどんなもの？ ……………………… 4
これってぜんぶもえるごみ？ ……………………… 6
データで見る もえるごみ ……………………… 7
もえるごみのゆくえ ………………………………… 8

ごみを収集する
もえるごみの出し方 ………………………………… 10
ごみを集める場所と人 ……………………………… 12
ごみを運ぶ車 ………………………………………… 14

ごみをもやす　清掃工場
清掃工場のしくみ …………………………………… 16
工場を監視する中央制御室 ………………………… 18
計量機でごみをはかる ……………………………… 20
ごみをためるごみピット …………………………… 21
もやして灰にする焼却炉 …………………………… 22
排ガスの熱を利用する ……………………………… 24
排ガスをきれいにする ……………………………… 25
灰を灰ピットにためる ……………………………… 26

リサイクルする
ごみをもやさず資源に ……………………………… 28
ごみをスラグに変える ……………………………… 30
灰をセメントの原料にする ………………………… 31

灰をうめ立てる　最終処分場
最終処分場のしくみ ………………………………… 32
全国の最終処分場 …………………………………… 34
ごみや灰のうめ立て方 ……………………………… 36
最終処分場を長く使うために ……………………… 38
最終処分場のあと地利用 …………………………… 39

おわりに
ごみのゆくえを調べてわかること ………………… 40

さくいん ……………………………………………… 41

この本の使い方
- 市町村や東京23区ごとによってごみの分別にはちがいがあります。本書で示している分別や処理方法は一例です。
- 本文中に「➡P.○」や「➡○巻」とある場合、関連する内容がこの本の別のページや、ほかの巻にあることを示しています。
- グラフや表で、内訳をすべてたし合わせた値が合計の値にならなかったり、パーセンテージの合計が100%にならなかったりする場合があります。これは数値を四捨五入したことによる誤差です。

マークについて

 ちいき発見！ 日本各地のごみ処理やリサイクルについての取り組みを紹介します。

 もっと知りたい ごみ処理やリサイクルなどから発展した話題を紹介します。

 はたらく人に聞いてみよう ごみ処理やリサイクルにかかわるはたらく人のインタビューを掲載しています。

資源

プラスチック（プラスチック製容器包装）
食料品や日用品が入っていた容器や包装は、リサイクルされる。 →3巻

プラスチック製容器包装は、このマークが目印。
（画像提供：プラスチック容器包装リサイクル推進協議会）

 ボトル
ふくろ、フィルム
カップ、パック
トレイ、発泡スチロール

 **その他のプラスチック**
プラスチック製容器包装と製品プラスチックをいっしょに集めて（一括回収）、リサイクルしている地域もある。

びん
飲み物やジャムなどが入っていたびんは、色別にリサイクルされる。
→3巻

かん
飲み物やかんづめなどに使われたスチールかん、アルミかんはリサイクルされる。 →3巻
※かんづめのマーク表示は任意となっている。

 アルミかんはこのマークが目印。
スチールかんはこのマークが目印。
（画像提供：公益社団法人食品容器環境美化協会）

ペットボトル
飲み物や調味料が入っていたペットボトルはリサイクルされる。 →3巻

 リサイクルできるペットボトルはこのマークが目印。
（画像提供：PETボトルリサイクル推進協議会）

古紙
新聞、段ボール、雑誌、紙パックなど。紙箱、紙ぶくろ、ふうとうなどの雑がみもリサイクルされる。
→4巻

 紙製容器包装はこのマークが目印。

新聞
雑誌
段ボール
雑がみ

布類
古着、タオルなど。リサイクルもしくはリユース（くり返し使うこと）される。
→4巻

古着
タオル

小型家電
「家電リサイクル法」の対象品目をのぞく家電製品。市町村や東京23区ごとに回収の対象を決めている。 →5巻

スマートフォン
ゲーム機
ビデオカメラ
アイロン

二次電池
充電してくり返して使える電池のことで、製造業者によって回収とリサイクルがされる。
→5巻

充電式電池リサイクルマーク
回収対象の充電式電池はこのマークが目印。

ごみとして捨てる前に、まずはマークを確認しよう！

※この見開きの分別は、ある一例を示したものです。ごみや資源の分別の種類は、市町村や東京23区ごとにことなります。

はじめに

みんなが出したもえるごみはどこへいく？

　こんにちは！　ぼくはお笑い芸人をしているマシンガンズの滝沢秀一です。芸能生活のかたわら、ごみを収集する清掃員としてもはたらいています。みなさんは、毎日どんなごみを、どれくらい出しますか？　生ごみ、紙くず、プラスチック、ガラスなど……いろいろありますよね。2022年度の調査より、全国の家庭から出るごみの量は、1年間に2275万トン。そのうちのもえるごみ（可燃ごみ）は約84％です。1日にすると、ひとりあたり約454グラムのもえるごみを出していることになります（➡P.7）。

　毎日、これほど大量にごみが出ていても、まちはごみだらけにはなりません。それは、住民がごみを種類別に分ける、つまり「分別して」出したごみを各市町村や東京23区ごとに収集し、適切に処理をしているからです。たとえば、ごみの中の資源になるものは人や機械が選別し、リサイクルをしています。ごみ処理には、たくさんの人がかかわり、多くのお金もかかっているのです。

　この本では、家庭から出るごみの中で「もえるごみ」とよばれるものがどのように処理されていくのか、そのゆくえを追っていきます。この本から、もえるごみの処理についていろいろなことを知り、ごみとのかかわり方を考えてもらいたいと思っています。

滝沢秀一

ぼくも、ごみの収集の仕事について、インタビューに答えているよ！

分別してみよう
もえるごみってどんなもの？

🗑 もやして処理するごみ

もえるごみは、市町村や東京23区ごとによって「可燃ごみ」、「もやすごみ」などとよび方がちがいます。

ごみはもやすことで、容積をへらすことができます。家庭で分別されたもえるごみは、清掃工場（➡P.16）に運ばれ、もやして次の施設へ送られます。もえるごみの多くは生ごみや紙ごみです。

生ごみ
調理したときに出る野菜くずや食べ残しなどの生ごみは、おもに、もえるごみに分別される。生ごみをリサイクルしている市町村もある（➡P.28）。

木製品
木製品とは、木でできている製品のことで、おもちゃ、箱、木製ハンガー、割りばし、つまようじ、木くずや木の板などのこと。大きすぎるものは粗大ごみとして出す（➡2巻）。

紙ごみ
紙おむつ、紙コップ、紙皿、油などでよごれた紙などは、資源としてリサイクルできず、もえるごみに分別される。

よごれた布類
よごれが落ちない布類は、資源としてリサイクルできず、もえるごみに分別される。

革製品
本革の革ぐつ、かばん、ベルトなどは、もえるごみに分別される。人工革は、もえないごみ（➡2巻）として出す市町村がある。

落ち葉、雑草、切った枝
落ち葉や雑草、樹木から短く切った枝（剪定枝）はもえるごみに分別される。これらをたい肥や燃料にリサイクルしている市町村もある（➡P.29）。

自分たちのまちでは、どんな分別になっているかな？家にある分別表を見てみよう。

もっと知りたい　市町村や東京23区によってことなるごみの分別

ごみや資源の分別は、地域によってことなります。たとえば、バケツ、おもちゃなどの「製品プラスチック（➡3巻）」は、ごみとして収集されているところ、資源として回収されているところと、ばらつきがあります。資源として回収できるかどうかは、資源を選別する設備が整っているかどうかで決まります。

製品プラスチックの分別例
地域によって分別がことなっている※。

もえるごみとして収集
茨城県つくば市（燃やせるごみ）、兵庫県神戸市（燃えるごみ）など。

もえないごみとして収集
香川県高松市（破砕ごみ）、大阪府寝屋川市（不燃ごみ）など。

資源として回収
宮城県仙台市（プラスチック資源）、長野県松本市（プラスチック資源）など。

※大きいものは、粗大ごみとして収集している地域もある。

5

分別してみよう

これってぜんぶもえるごみ？

もえるごみ、もえないごみ、資源のどれかな？

まぎらわしいごみ

　ごみは、なんでももやせるわけではありません。もやさずに資源にするもの、もえにくいもの、もやすと危険なものもあります。ここにあるごみは、もやしていいものか、いけないものか、考えてみましょう。

ふくろめんのふくろ → 資源
プラスチック製のふくろは、よごれていなければリサイクルできるので（➡3巻）、資源に分別される。

フライパン → もえないごみ
フライパンは鉄などでできているので、もえないごみ（➡2巻）に分別され、資源としてリサイクルされる。

ガラスのコップ → もえないごみ
ガラスはもやすことができず、細かくくだいてうめ立てるため、もえないごみに分別される。

おかしの空箱 → 資源
よごれていなければ、空箱はリサイクルできるので（➡4巻）、資源に分別される。

食品ラップ → もえるごみ
素材はプラスチックだが、リサイクルには向いていないため、もえるごみに分別される。

花火 → もえるごみ
火災を起こさないよう、十分に花火を水でしめらせれば、もえるごみに分別される。

カイロ → もえないごみ
カイロの中身には、鉄がふくまれているため、もえないごみに分別される。

紙コップや紙皿 → もえるごみ
紙の食器は、よごれがしみこまないようにプラスチックで表面加工されているので、リサイクルできず、もえるごみに分別される。

食用油 → 資源
食用油は液体のままなら、飼料、バイオディーゼル燃料などの資源としてリサイクルされる。

データで見る もえるごみ

ここでは、統計データから、もえるごみの基本をおさえていきましょう。

1 家庭から収集されている、ひとり1日あたりのもえるごみの量は？

➡ **約454グラム**

ごはんにすると、1日あたり、お茶わん約3ばい分のもえるごみ（可燃ごみ）が収集されています。

〈計算方法〉
家庭からのごみに「可燃ごみ」の区分がある市町村と東京23区についての年間収集量の合計÷人口合計÷365

資料：環境省『令和4年度一般廃棄物処理実態調査結果』（2024年）より作成

2 家庭から収集されているごみのうち、もえるごみの割合は？

➡ **約84.1%**

1年間で家庭から収集されるごみ（2275万トン）のうち、もえるごみ（可燃ごみ）として収集されている割合は84.1%で、清掃工場（➡P.16）で焼却処分されます。

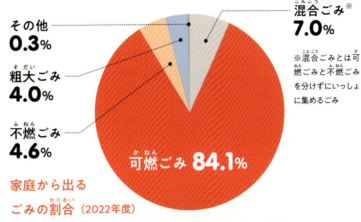

- 可燃ごみ 84.1%
- 混合ごみ※ 7.0%
- 不燃ごみ 4.6%
- 粗大ごみ 4.0%
- その他 0.3%

※混合ごみとは可燃ごみと不燃ごみを分けずにいっしょに集めるごみ

家庭から出るごみの割合（2022年度）

資料：環境省『令和4年度一般廃棄物処理実態調査結果』（2024年）より作成

3 家庭から出されるもえるごみの中で一番多いのは？

➡ **生ごみ**

東京都小平市を例にすると、もえるごみ（燃やすごみ）の中で、生ごみが35.9%と一番多く、そのうち、本来食べられるのに捨てられてしまう「食品ロス」が11.7%ふくまれています。また、リサイクルできるプラスチック製容器包装や紙や布類も混じっています。

ほかの市町村でも、生ごみの割合が高いんだって。

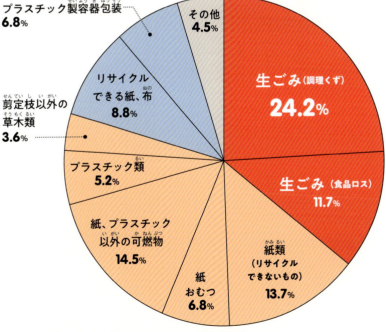

- 生ごみ（調理くず） 24.2%
- 生ごみ（食品ロス） 11.7%
- 紙類（リサイクルできないもの） 13.7%
- 紙おむつ 6.8%
- 紙、プラスチック以外の可燃物 14.5%
- プラスチック類 5.2%
- 剪定枝以外の草木類 3.6%
- リサイクルできる紙、布 8.8%
- プラスチック製容器包装 6.8%
- その他 4.5%

東京都小平市の「燃やすごみ」の組成割合※
※2024年1月に複数日に分けて収集した「燃やすごみ」1364.66kgを対象に調査し、その内訳を示している。
資料：『令和5年度小平市ごみ組成調査報告書』（2024年）より作成

もえるごみのゆくえ

➡ ごみや資源の流れ　⇒ リサイクルの流れ

ここでは、本書で紹介している、ごみや資源のおもな処理の流れを示しています。

ごみを収集する

ごみを集める場所 (➡ P.12)

もえるごみは、家で分別されたあと、近くの集積所に出され、収集車によって集められる。リサイクルするために、生ごみだけ分けて集める市町村もある。

→ もえるごみ

ごみをもやす

清掃工場 (➡ P.16)

収集されたもえるごみは、清掃工場に運ばれ、もやされて灰になる。もえ残ったものから、鉄などの資源が選別されることもある。また、灰からスラグ (➡ P.9) をリサイクルしている工場もある。

（写真提供：和名ケ谷クリーンセンター）

熱エネルギーに利用 (➡ P.24)
ごみをもやしたときに発生する熱は、工場内の暖房、発電のほか、温水プールの水をあたためるのに使われることもある。

生ごみ（一部の市町村）
もえるごみ（一部の市町村）
剪定枝（樹木から切った枝）

リサイクルする
剪定材リサイクル施設 (➡ P.29)

 木材チップ
ボイラ燃料のほか、土壌改良剤などに使われる。

一部を熱エネルギーに利用

リサイクルする
ごみ固形燃料化施設 (➡ P.29)

 ごみ固形燃料
発電に使われる。

熱エネルギーに利用

リサイクルする
たい肥化施設 (➡ P.28)
メタン化施設 (➡ P.28)

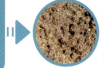 たい肥
農作物の肥料になる。

⇒ メタンガス ⇒ 熱エネルギーに利用
発電に使われる。

もやして灰をうめ立てる

　各家庭から出たもえるごみは、市町村や東京23区ごとに収集されて、清掃工場へ運ばれます。清掃工場では、ごみをもやして灰にし、一部は資源として回収、リサイクルされますが、大部分は最終処分場に運ばれてうめ立てられます。

灰

「最後はうめ立てられるんだね。」

灰をうめ立てる

最終処分場 （→ P.32）

灰の多くは、最終処分場まで運ばれ、うめ立てられる。

（写真提供：東京都環境局）

灰 / 選別された鉄

リサイクルする
セメント工場（→ P.31）
一部の灰は、セメントの原料となるねん土の代わりとして使われる。

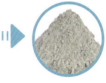
セメント
コンクリートの材料になる。

リサイクルする
金属製錬所（鉄）
選別された鉄から不純物を取りのぞき、ふたたび鉄鋼製品として使えるようにする。

鉄鋼製品
機械や建築などの材料になる。

スラグ（→ P.30）
道路のアスファルト舗装や歩道のブロックなどの材料になる。

（写真提供：小牧岩倉衛生組合）

ごみを収集する
もえるごみの出し方

収集の有料化

2022年度のデータ※では、全国の市町村と東京23区のうちの66.7%が、家庭ごみの収集を有料化しています。もともと家庭ごみは無料で収集されていましたが、ごみが増加し、ごみをへらす動機づけのため、1990年代にごみ収集の有料化が広がりました。

家庭ごみの有料化を実施している市町村では、住民はごみぶくろの価格に手数料を上乗せした指定ぶくろを購入し、それにごみを入れて出す必要があります。

多くの地域では、住民が指定ぶくろを購入する際、ごみの排出量に応じて、手数料を上乗せした金額が徴収されています。

※環境省『令和5年度一般廃棄物処理事業実態調査結果（令和4年度実績）』

ごみを出すときに使うごみぶくろ

もえるごみを出すとき、有料の収集と無料の収集とで、出すごみぶくろがことなる。

有料で収集するところ
手数料を上乗せした指定ぶくろを使う。

無料で収集するところ
透明や半透明のごみぶくろや手数料をふくまない指定ぶくろを使う。

ちょこっと発見！ 収集の有料化によってごみが減少　　石川県金沢市

石川県金沢市では、2018年2月1日に家庭ごみの収集を有料化しました。有料化する前までは、毎年8万トン以上のもえるごみ（燃やすごみ）が家庭から出されていましたが、有料化したあと、毎年約7万トン前後までごみが減少しています。

資料：環境省『一般廃棄物処理実態調査結果』の平成28年度から令和4年度までの全体集計結果より作成

金沢市の「燃やすごみ」の排出量のうつり変わり（8万3479トン、2018年2月1日に有料化、6万8357トン）

指定ぶくろのデザインや価格

指定ぶくろは市町村によってさまざまなデザインやサイズがある。トウモロコシなどの原料の一部を使う「バイオマスプラスチック」を使用しているところもある。手数料を上乗せした金額が徴収され、容量に応じて金額が変わる。

40リットル（1枚64円）
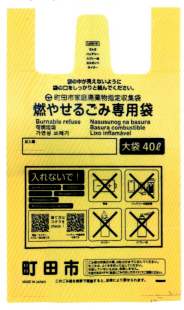

20リットル（1枚32円）
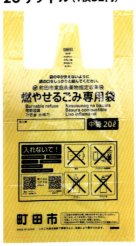

10リットル（1枚16円）

5リットル（1枚8円）

指定ぶくろの価格に手数料を上乗せしている、東京都町田市のごみぶくろ。

（写真提供：町田市）

大サイズのごみぶくろの価格帯別の都市数

ごみの排出量に応じて住民が手数料を負担する制度を導入している467の市について、一番大きい指定ぶくろ1枚あたりの価格帯を表している。

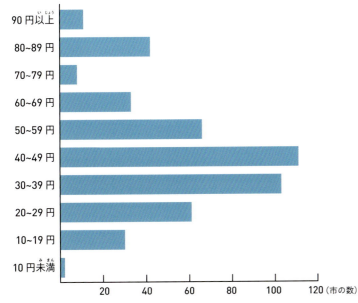

資料：『山谷修作ホームページ　全国市区町村の有料化実施状況（2024年10月現在）』より作成

＼こんなごみぶくろもあるよ！／

京都府亀岡市の指定ぶくろ。「燃やすしかないごみ袋」という名称にすることで、市民にごみの分別の意識づけをしている。このような名称のごみぶくろは、複数の市町村で使われている。

（撮影協力：亀岡市／大阪和田化学工業株式会社）

東京都日野市の指定ぶくろ。指定の「可燃ごみ」のふくろを、レジごみぶくろとしてスーパーマーケットなどで販売している。デザインは大学生が考案したおしゃれなものになっている。

ごみを収集する
ごみを集める場所と人

収集作業員
ごみや資源を収集する人。運転手ひとり、収集作業員ふたりでまわり、集積所に集められたごみを収集車につみこみ、清掃工場まで運ぶ。

集積所
地域の人がごみや資源を出す場所。ごみステーションともいう。カラスや動物にあらされないよう、ごみぶくろにかぶせるネットや、ごみぶくろを入れるボックスなどが設置されている。

金属製のボックス

収集車（→ P.14）
ごみや資源を運ぶための車。

集積所に出されたもえるごみを、収集作業員が収集車につみこんでいるようす。

集積所に出されたごみを収集する

住民は、決められた曜日に集積所へごみを出します。朝のうちに出されたごみは、収集作業員が収集していき、清掃工場（→ P.16）へと運びます。これを「ステーション収集」といいます。

いっぽうで、各家庭が家の前にごみを出し、収集車が1軒ずつ収集することを「戸別収集」といいます。

ごみの収集方式

ステーション収集

集積所に集められたごみを効率的に収集できるが、だれが捨てたかわからないため、ごみ出しのマナーが守られないこともある。

戸別収集
家の前にごみを出すため、ごみ出しのマナーが守られる利点があるが、家庭ごとに収集するため、収集に手間がかかる。

🎤 収集作業員としてはたらく人に聞いてみよう

収集作業員
滝沢秀一さん

Q どのようにごみを収集するのですか？

A 朝、8時すぎから収集作業をはじめます。粗大ごみを収集したり（➡2巻）、道路工事があったりする場合は、収集ルートを変更しないといけないので、出発前までに打ち合わせをします。もえるごみの場合、収集車が満杯になったら清掃工場に行きますが、一度の収集では終わらず6回はくり返すので、終わるのがだいたい15時すぎくらいです。

Q 仕事でつかう必需品は？

A ヘルメットと手ぶくろです。手ぶくろは作業用の厚手のものを使います。

Q あぶないと思ったごみは？

A 焼き鳥の竹ぐしがそのままごみぶくろに入っていて、あやうくけがをするところでした。ごみを捨てる先には、必ずそれを処理する人がいることを忘れないでいてほしいです。

竹ぐしは、このようにティッシュケースなどに入れて出すとあぶなくない。

Q 生ごみではどんなものが多いですか？

A 多いのは、野菜くずやくだものの皮などの調理くず、食べ残しも多いです。手つかずの高級メロン、生のお米がそのまま捨てられていたこともありましたね。まだ食べられるのに……と思うと少し悲しくなります。

🔍ちょっと発見！ 夜にごみを収集するまち　福岡県福岡市

福岡県福岡市では、夜は車が少なくて早くごみを集められること、朝にはごみがなくなり、昼間のまちをきれいにたもてることから、全国的にめずらしい夜間のごみ収集をおこなっています。また、夜に収集車がまちを走ることで防犯にも役立っています。

夜間のごみ収集のようす。　（写真提供：公益財団法人ふくおか環境財団）

ごみを収集する
ごみを運ぶ車

収集車のしくみ
「パッカー車」ともいう。つみこまれたごみは、収集車の中でプレス板によって圧縮されて運ばれる。

圧縮してごみを運ぶ

　集積所で集められたもえるごみは、収集作業員（→P.12）によって「収集車」につみこまれ、清掃工場（→P.16）へ運ばれます。収集車の後ろから投入されたごみは、自動的に奥へとおしこまれて、圧縮されます。
　一度にのせられるごみの容積は4～8立方メートルです。ごみを収集するときは、まわりに人がいないか、注意しながら作業します。

テールゲート
ごみを投入するとびら。

プレス板
ごみをおさえつけて圧縮するための板。

テールゲートを開けた収集車。

この収集車は、スケルトンパッカー車といい、環境学習用に特別に内部が見えるようにしてあるもの。

P14〜15（撮影協力：東京都港区）

ごみをつみこむしくみ

収集車に投入されたごみは、プレス板で圧縮され、巻きこまれながら、奥へつみこまれていく。

❶ プレス板が反転する。

❷ プレス板が下降する。

❸ ごみをおしつぶす。

❹ ごみを奥へつみこむ。

排出板
ごみを車から外へおし出すための板。
荷台のテールゲートを上げると、排出板でおし出されたごみが出てくる。

操作盤
プレス板や排出板などの操作ができる。

バックモニター
モニターは、車の後方のカメラとつながっており、人がいないか確認する。

カメラ
後ろに人がいるかどうかを確認する。運転席にモニターがあり、確認できる。

電光ランプ
停車して収集作業をしているとき、「作業中」とランプがつく。

緊急停止スイッチ
プレス板を止めるためのスイッチ。人が近づきすぎたとき、すぐに止められるように、3か所についている。

ごみをもやす 清掃工場
清掃工場のしくみ

ごみ → 灰 → 排ガス → 熱エネルギー →

ごみ処理の流れ
ごみをもやして灰にするだけでなく、もやした熱を利用して発電もしている。

🔥 収集したごみをもやす

収集車によって運ばれたもえるごみは、清掃工場へ運ばれます。清掃工場は、ごみをもやし、灰にする施設です。2022年度時点で、国内には、1016の清掃工場があり、1日のごみの処理能力は約17万4600トンになります。

❶ ごみをはかる（→ P.20）

計量機
ごみの重さを車両ごとはかる。

ごみクレーン
ごみをかきまぜたり、焼却炉にごみを投入したりする。

ボイラ
排ガスの熱でお湯をわかし、水蒸気をつくる。

熱エネルギー

排ガス

❷ ごみピットにごみを投入する（→ P.20）

焼却炉
800度以上の高温になっている。

ごみ

❸ ごみをためる（→ P.21）

ごみピット
ごみを一時的にためておく場所。

❹ ごみをもやして灰にする（→ P.22）

焼却灰
ごみをもやして残った灰。

灰

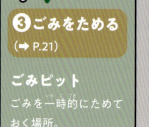
番号を順にたどってみよう！

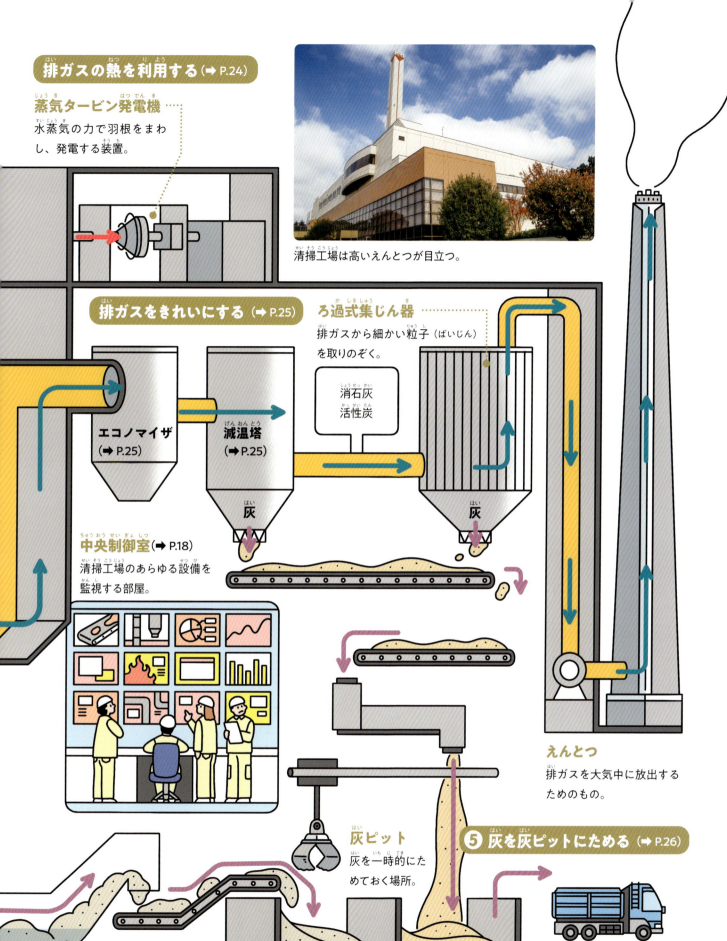

ごみをもやす 清掃工場
工場を監視する中央制御室

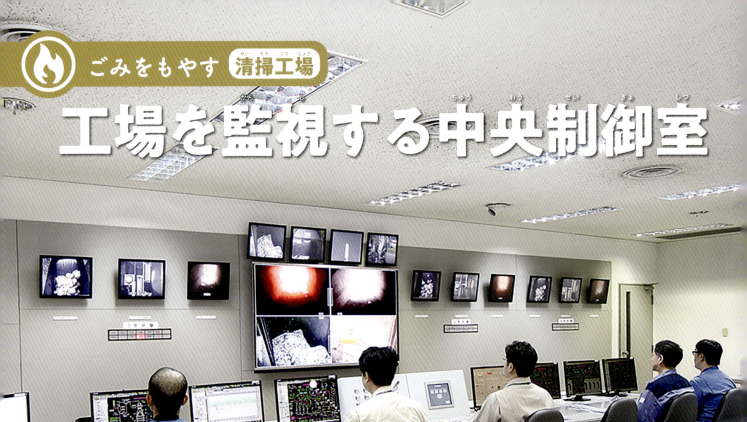

モニターには、焼却炉の燃焼温度、排ガスの濃度などが示されている。
（撮影協力：和名ケ谷クリーンセンター）

中央制御室内の、さまざまなモニターでは、焼却炉（➡ P.22）の中のようすや、発電の状況が確認できる。
（写真提供：和名ケ谷クリーンセンター）

🔥 24時間休まず監視する

清掃工場の機械は、コンピュータで自動運転されていますが、安全に動かすために、人が監視しています。

工場内の「中央制御室」は、工場ではたらく職員が、昼と夜で交代しながら機械の動きを見守っています。もし、おかしいところが見つかったら、職員はすぐに対応し、必要に応じて修理もおこないます。

蒸気タービン発電機（➡ P.24）の点検のようす。
（撮影協力：和名ケ谷クリーンセンター）

清掃工場ではたらく人に聞いてみよう

和名ケ谷クリーンセンター
石川大輔さん

Q 仕事にはどのような役割がありますか？

A 千葉県松戸市にある和名ケ谷クリーンセンターでは、機械の運転や監視をおこなう運転班は、日勤（昼間の勤務）と夜勤（夜間の勤務）をローテーションしています。また、日勤時には機械の修理をおこなう技術班も仕事をしています。

Q 仕事で使う必需品を教えてください。

A ヘルメットや手ぶくろのほか、薬品やほこり、排ガス（→P.24）などが目や口に入るのをふせぐためのゴーグル、マスクも身につけます。暗い場所も多いので、懐中電灯も必要です。

（撮影協力：和名ケ谷クリーンセンター）

Q 仕事でむずかしいと思うところはなんですか？

A 焼却炉の温度調節はコンピュータに任せっきりにはできません。ごみによってもえやすいもの、生ごみなど水分が多くもえにくいものがあるため、職員は、焼却炉へのごみの投入量や、燃焼用空気の量を調節して、燃焼温度を一定にたもっています。これがとてもむずかしいのですが、この仕事のやりがいでもあります。

Q 住民に気をつけてもらいたいことはありますか？

A 金属はもえ残って、焼却炉やコンベアなどの故障につながりますので、分別を徹底してほしいと思います。また、水分が多すぎるごみは、蒸発するときに熱をうばうため、回収できるエネルギーがその分へってしまいます。できるだけ水分を切ってからごみを出してください。

美術館のような清掃工場　広島県広島市

広島県広島市には、まるで美術館のように美しい清掃工場「広島市環境局中工場」があります。内部には長いガラス張りの通路があり、排ガスの処理装置などの最新設備を自由に見学でき、まるでＳＦ映画のような世界です。まち中のごみが集められる清掃工場は、どうしてもよいイメージがもたれにくいものです。しかし、このような試みをすることで、住民にとって親しみやすく、環境問題を身近に考えられる場としても活用されています。

工場内の見学通路は、全面ガラス張り。
（写真提供：広島市環境局中工場／設計：谷口建築設計研究所）

ごみをもやす 清掃工場
計量機でごみをはかる

🔥 車両ごと重さをはかり、ごみをごみピットに投入

　ごみの収集が終わった収集車は、つぎつぎと清掃工場へやってきます。まず、収集したごみの重さを記録するために、入口にある計量機で、車両ごとの重さをはかります。車両の重さを差し引いた分がごみの重さになります。

　重さをはかり終えた収集車は、「プラットホーム」という広い場所に入り、ごみをごみピット（➡P.21）に投入します。

収集車が計量機の上に乗ると、電光掲示板に重さが表示、記録される。写真の和名ケ谷クリーンセンターでは、1日で約190台の収集車がやってきて、約270トンのもえるごみが運ばれてくる。

P20〜21（撮影協力：和名ケ谷クリーンセンター）

電光掲示板

プラットホームに入ってきた収集車は、テールゲート（➡P.14）を開けて、ごみをごみピットに投入する。

ごみをためるごみピット

ごみホッパ（→ P.23）
焼却炉へのごみの投入口。ごみクレーンでごみを投入する。

🔥 まぜることでもえやすくする

ごみピット内には、場所によっては、もえやすいごみと、もえにくいごみがかたよっています。ごみを安定してもやすため、ごみクレーンを使って、まぜあわせています。均一にまぜあわせたごみは、ごみホッパに投入し、焼却炉（→ P.22）でもやします。

ごみクレーン
一度につかめるごみの量は約2トン。十分にまぜたごみを焼却炉に投入する。

ごみピットの内部
長さ約35メートル、幅約12.8メートル、深さ約14メートルある。約7日分のごみをためることができる。

ごみをもやす　清掃工場

もやして灰にする焼却炉

焼却炉の窓から見た内部のようす。年に2回、メンテナンスのために火を消す。

（写真提供：和名ケ谷クリーンセンター）

メンテナンスのときは、部品を交換したり、焼却炉内にはりついた灰を取りのぞいたりするよ。

🔥 高温でごみをもやす

ごみは、低い温度でもやすと、ダイオキシンなどの有害物質が発生する危険性があるため、高温でもやす必要があります。ごみピット（➡P.21）から供給されたごみは、800度以上でもやされ、2時間ほどかけて灰になります。

しかし、ごみの中に鉄などの大きな金属が入っていると、金属がもえ残るため、灰冷却装置（➡P.26）をいためてしまう原因になります。

焼却炉のとびら。もえているごみのようすがわかるように、小さな窓がついている。（写真提供：和名ケ谷クリーンセンター）

ストーカ式焼却炉のしくみ

日本で一番多い種類の焼却炉。「ストーカ（火格子）」を階段状にならべてある。そこを、ごみがもやされながら下へと落ちていく。

排ガス → ごみ → 灰

いったんもえ始めると、熱をさらに加えなくてもごみだけでもえつづけるよ。

❶ ごみを投入する

ごみクレーン（→ P.21）

ごみホッパ
焼却炉へのごみ投入口。ごみピットからよぶんな空気が炉内に入らないように、ごみ自体でふたをする。

高温の排ガスからはボイラを通して熱が回収され（→ P.24）、排ガスはきれいにされてから外へ出される（→ P.25）。

排ガス

ごみ

ストーカ
階段が交互に動くことで、ごみが上から下へと移動する。上段ではまず高温の熱でごみを乾燥させ、中段より下で乾燥したごみをもやす。

❷ ごみを乾燥させる

❸ ごみをもやす

焼却灰
ごみをもやして残った灰のこと。焼却灰は冷やされ、灰ピットにためられる（→ P.26）。

❹ ごみが灰になるまでもやしつくす

灰

空気
ごみをもやすための空気が送りこまれている。

ごみをもやす 清掃工場

排ガス → 熱エネルギー → 灰

排ガスの熱を利用する

🔥 熱を電気などに利用する

　ごみをもやしたときに出る排ガスの熱は、ボイラで回収され発電に利用されます。電気は、工場内で使われ、余った分は電力会社に売られます。清掃工場は発電所の役割もになっているのです。
　排ガスの熱は暖房や給湯のほか、温水プールの水をあたためるのにも利用されています。

発電のしくみ
排ガスの熱は、ボイラで回収され、お湯をわかし、水蒸気をつくる。水蒸気の力で蒸気タービン発電機の羽根が回り、発電する。

❸ タービンの羽根の回転の力で発電する

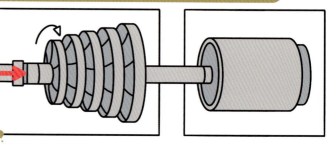

蒸気タービン発電機
水蒸気の力で発電する装置。

ボイラ
排ガスの通り道にあり、たくさんの水管がはりめぐらされている。

❷ ボイラの水がふっとうし、水蒸気になる

ボイラドラム
ふっとうした水蒸気がたまる。

熱エネルギー

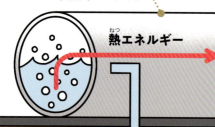

❶ 排ガスの熱でボイラ内の水があたたまる

排ガス

ちいき発見！ 余った電力で地下鉄を動かす　北海道札幌市

　北海道札幌市では、2024年4月から3つの清掃工場で発電した電力のうち、余った電力を市営地下鉄に供給しています。
　清掃工場が発電した電力を地下鉄に活用する取り組みは全国初で、温暖化をふせぐ有効な方法として注目されています。

札幌市の市営地下鉄。

排ガスをきれいにする

排ガスをきれいにしてから出す

　ごみをもやして出た排ガスには、塩化水素や硫黄酸化物、ダイオキシンなどの大気汚染物質がふくまれています。排ガスをそのまま外へ出すと、空気をよごしてしまうため、さまざまな装置を使って、排ガスをきれいにしたあと、えんとつから外へ出します。

排ガスをきれいにするしくみ
排ガスの温度を下げたあと、消石灰で酸性物質を、活性炭でダイオキシン類を除去し、ばいじん（排ガス中の細かい粒子）は、ろ過式集じん器で取りのぞく。

寒い日には、水蒸気が水滴に変わり、けむりのように見えることがある。

❸ 排ガスを外へ出す

エコノマイザ
排ガスから熱を回収し、排ガスを250度くらいまで下げる。

減温塔
水をふきかけ、排ガスの温度を150度くらいまで下げる。

❷ ばいじんを取りのぞく

消石灰
活性炭

❶ 排ガスの温度を下げる

飛灰

飛灰

ろ過式集じん器
内部に「ろ布」とよばれるフィルターがあり、ばいじんをふくむ排ガスはそこでろ過され、下へと集められ、飛灰（→P.27）となる。

きれいになった排ガス
ろ布
ばいじんをふくむ排ガス
圧縮空気をふきこんでろ布についた飛灰を落とす。
ばいじん
飛灰

えんとつ
工場のまわりにとどくまでに排ガスが十分うすまるよう、えんとつを高くしている。

25

ごみをもやす 清掃工場
灰を灰ピットにためる

もやしたあとに出る灰

焼却炉（➡P.22）で高温でもやされたごみは、焼却灰になります。ごみは灰になると重さが約10分の1にへり、においもなくなり衛生的です。焼却灰は、灰ピットにためられ、あるていどたまったら最終処分場（➡P.32）に運ばれます。

焼却灰の流れ
焼却灰は、水で冷やされたあと、鉄などの金属が回収され、灰ピットにためられる。

灰ピットにためられた焼却灰。（写真提供：和名ケ谷クリーンセンター）

❶ 焼却灰が冷やされる

灰冷却装置
焼却灰を冷やすため、水がはってある。冷やすために使った水は、きれいにしてから再利用される。

灰クレーン
灰をつかみ、灰を運ぶ車につみこむ。

磁選機（➡2巻）
焼却灰から鉄を回収する。

灰ピット
灰をためておくための場所。

❷ 焼却灰が灰ピットにためられる

灰 / コンベア

写真は焼却炉から取り出された鉄などの金属。大きな金属がコンベアにつまると、故障の原因になる。
（写真提供：和名ケ谷クリーンセンター）

飛灰はかためられる

ろ過式集じん器（→P.25）で集められた飛灰は、有害な重金属類が、うめ立てたあとにとけ出さないように、飛灰固化装置でかためられます。かためられた飛灰は、焼却灰と同じように灰ピットにためられ、最終処分場（→P.32）へと運ばれます。

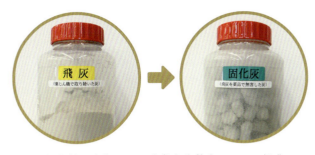

左が処理前の飛灰、右が飛灰固化装置によって処理された飛灰（固化灰）。大きなかたまりになっている。
（撮影協力：和名ケ谷クリーンセンター）

飛灰の流れ
飛灰は飛灰固化装置でかためられたあと、灰ピットにためられる。

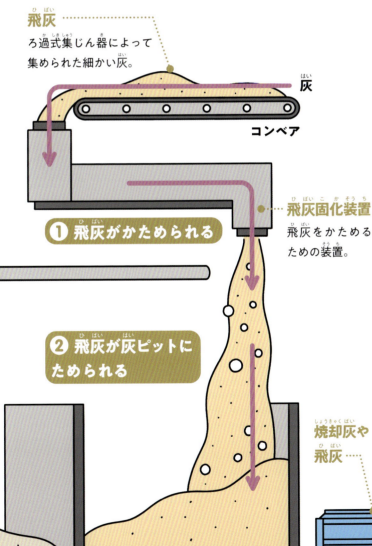

飛灰　ろ過式集じん器によって集められた細かい灰。

コンベア

飛灰固化装置　飛灰をかためるための装置。

① 飛灰がかためられる

② 飛灰が灰ピットにためられる

焼却灰や飛灰

もっと知りたい　灰をスラグにリサイクルする

国内の清掃工場には、「灰溶融炉」とよばれる、灰を1300度以上の高温で加熱してとかす炉をもっているところがあります。どろどろにとかされた灰は、冷やされて、ガラス状の「スラグ（→P.30）」とよばれるものになります。スラグは、道路のアスファルト舗装などにリサイクルされています。しかし、灰溶融炉を運転するには、燃料がたくさん必要なので、停止しているところも多くなっています。

写真は、徳島県阿南市のエコパーク阿南にある灰溶融炉。灯油で運転している。（写真提供：阿南市）

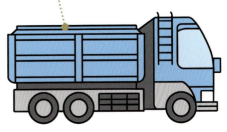

焼却灰や飛灰をトラックにのせて最終処分場へと運ぶ。

リサイクルする
ごみをもやさず資源に

♻ 生ごみをリサイクルする

家庭から出るもえるごみの多くは、生ごみです（➡ P.7）。

生ごみをへらすために、リサイクルする方法があります。生ごみを微生物によって分解し、農作物の肥料となる「たい肥」をつくったり、燃料になる「メタンガス」をつくったりします。

2022年度時点で、全国の市町村には、約71か所のたい肥化施設、11か所のメタン化施設があり、家庭や食品工場などから分別収集された生ごみのほか、切りとった枝（剪定枝）やかりとった草などもリサイクルしています。

たい肥化施設のようす。（写真提供：株式会社ミライエ）

生ごみのほか、し尿などもまぜ合わされ、微生物の力を使って分解したものがたい肥となる。（写真提供：株式会社ミライエ）

生ごみ

たい肥
リンやカリウムなどをふくむため、農作物の肥料や、土壌改良材として使われる。

メタンガス
生ごみが分解されるときに発生するメタンガスは、発電のための燃料などとして使われる。

生ごみを肥料とメタンガスにリサイクルする施設のようす。手前の球体は、メタンガスをためるタンクで、奥がガスをつくる発酵槽。
（写真提供：真庭市くらしの循環センター）

生ごみを収集していないまち　長野県川上村

長野県川上村は、生ごみを収集しておらず、住民によって処理されています。そのため、2022年度の家庭から出される、ひとり1日あたりのごみの排出量が、約283.3グラム（全国平均620グラム）と少なく、人口10万人未満の市町村では全国1位です。川上村では、生ごみを乾燥させ減量化する「生ごみ処理機」での生ごみ処理を推進しており、補助金も出しています。

生ごみ処理機。生ごみは乾燥させたあと、たい肥の原料としても利用できる。

ごみを燃料にする

　生ごみ、紙ごみ、リサイクルできないプラスチックなどの一部は、「ごみ固形燃料化施設」に運ばれ、乾燥させて燃料にします。これを「ごみ固形燃料」といいます。ごみをそのまま燃やすよりも燃焼効率がよいため、発電などに利用されています。

　また、庭木などを切ったときに出る枝（剪定枝）を収集し、細かくくだいてボイラ燃料にしているところもあります。

　これらは、化石燃料の使用量をへらし、地球温暖化をふせぐことに役立ちます。

生ごみ、紙ごみ、プラスチックなど

ごみ固形燃料
生ごみ、紙ごみ、木材、プラスチックなどを細かくくだき、乾燥してかためたもの。

剪定枝

木材チップ
剪定枝を細かくくだいたもの。燃料以外に土にまぜて土壌改良剤として使うこともある。

（写真提供：鎌倉市公式 note）

ごみは手作業で取りのぞく。写真の神奈川県鎌倉市にある剪定材リサイクル施設では、庭木以外に、街路樹などの剪定枝も集め、発電のための燃料に利用している。
（写真提供：鎌倉市公式 note）

木材チップを燃料にして発電することを木質バイオマス発電というよ。

リサイクルする
ごみをスラグに変える

♻ ごみから直接資源を取り出す

「ガス化溶融」とは、ごみを高温で熱分解し、灰をとかして、ガラス状の「スラグ」や金属をふくむ「メタル」とよばれる資源にして回収する技術です。ガス化溶融では、最終処分されるごみや灰の量をへらすことができます。いくつかの方式がありますが、シャフト式は陶器やガラスなどのもえないものも処理できます。

2022年度時点で、全国には106か所のガス化溶融施設があります。しかし、処理するためには、石炭を加工したコークスなどの資源が必要といった課題もあります。

溶融炉をもつ清掃工場。写真は愛知県小牧市の小牧岩倉エコルセンター。
（写真提供：小牧岩倉衛生組合）

シャフト式ガス化溶融炉。この中で、灰をとかしてスラグやメタルに変える。
（写真提供：小牧岩倉衛生組合）

シャフト式ガス化溶融炉のしくみ
ごみといっしょに、コークスや石灰石を入れて、ごみを熱分解したあと、灰をとかし、資源となるスラグやメタルを取り出す。

約300〜400度
ごみを乾燥させる。

約300〜1000度
ごみをガス化する。

約1000〜1700度
残ったものをもやす。

約1700〜1800度
灰をとかす。

ごみ　コークス、石灰石

熱分解ガス
燃焼室へ運ばれ、完全燃焼し、熱エネルギーを回収する。

スラグ
道路のアスファルト舗装などに使われる。

メタル
金属製錬所で不純物が取りのぞかれ、鉄などの金属が回収される。

スラグやメタル

（画像・写真提供：小牧岩倉衛生組合）

灰をセメントの原料にする

♻ 灰はうめ立てずにセメントにする

清掃工場（→P.16）から出た灰のほとんどは、最終処分場（→P.32）に運ばれますが、一部はセメント工場に運ばれます。灰はかわかしたあと、細かくくだかれ、石灰石などを加えてセメントの原料になります。

とくに、灰を主原料にして生産されたセメントを、「エコセメント」といい、建築資材やコンクリート製品に使われます。

東京都日の出町にあるエコセメント化施設。多摩地域25市1町から出る灰をこの施設で、すべてエコセメントに変えている。
（写真提供：東京たま広域資源循環組合）

リサイクルされたエコセメント
（写真提供：東京たま広域資源循環組合）

エコセメントは、ふつうのセメントと変わらない強度をもっているんだ。

乾燥させ、細かくくだいた灰は、写真の回転ドラム内で高温で焼き、ダイオキシン類を分解する。そのあと、石こうなどを加え、エコセメントにする。（写真提供：東京たま広域資源循環組合）

灰はすべてエコセメントにリサイクル　　　東京都日の出町

東京都日の出町にあるエコセメント化施設には、年間約7〜8万トンの灰が運ばれていて、約10万トンのエコセメントが生産されています。多摩地域25市1町の清掃工場から運ばれてくる灰のすべては、エコセメントにリサイクルされており、場内にエコセメント化施設がある二ツ塚処分場では、2007年より灰のうめ立てをおこなっていません。二ツ塚処分場の使用期間は当初、うめ立て開始の1998年から16年間を予定していましたが、大幅な延長が可能となりました。

東京都日の出町にある二ツ塚処分場。
（写真提供：東京たま広域資源循環組合）

31

最終処分場のしくみ

灰をうめ立てる 最終処分場

灰が行き着く先

清掃工場から運ばれた灰や、もえないごみ（→2巻）は、最終処分場でうめ立てられます。処分場には、雨水で灰にふくまれる汚濁物質や有害物質がとけ出して環境をよごさないなど、さまざまなくふうがほどこされています。

最終処分場の構造

表面は土でカバーされており、底の部分には汚水を通さないためのシートがはられてある。うめ立てたごみが分解されて発生したガスをぬく、ガスぬき管もある。

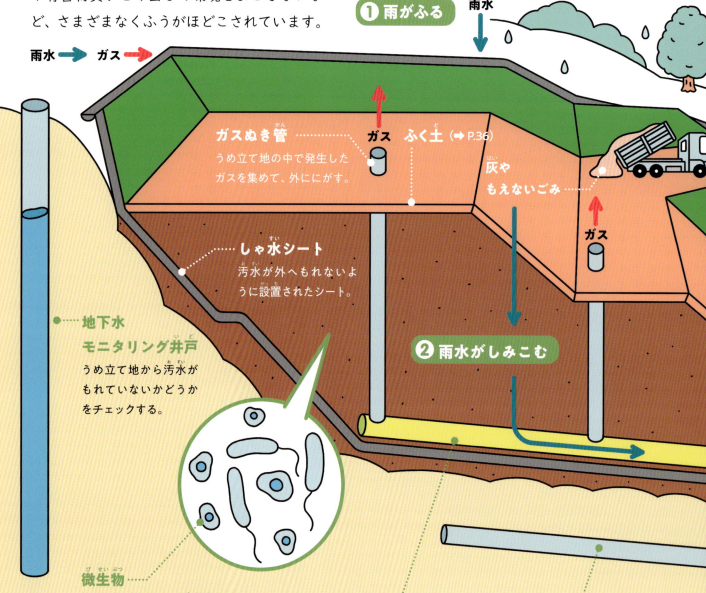

① 雨がふる

ガスぬき管　うめ立て地の中で発生したガスを集めて、外ににがす。

ふく土（→P.36）

灰やもえないごみ

しゃ水シート　汚水が外へもれないように設置されたシート。

地下水モニタリング井戸　うめ立て地から汚水がもれていないかどうかをチェックする。

微生物　うめ立て地の中では微生物がはたらき、うめ立てた物にふくまれる有機物を分解し、二酸化炭素やメタンガスを放出する。

② 雨水がしみこむ

浸出水集排水管　処分場から発生する汚水（浸出水）を集める管。

地下水集排水溝　地下水を集める設備。

灰をうめ立てる 最終処分場
全国の最終処分場

最終処分場のある場所

ごみや灰がうめ立てられる最終処分場は、全国各地にありますが、その多くは、人口が集中している市街地よりはなれた、山間部に多く建設されています。また、東京23区や、大阪市、神奈川県横浜市などの海沿いの大都市では、海上にも建設されています。さらに、数は少ないですが、屋内型の最終処分場もあります。

陸上にある最終処分場
谷あいの地形を利用してすりばち状の処分場をつくる。日本にあるもっとも一般的な処分場で、写真は東京都日の出町にある二ツ塚処分場。
（写真提供：東京たま広域資源循環組合）

覆蓋式処分場
雨をふせげるため、屋外の処分場にくらべ、浸出水（→P.32）の量が少ない。外から見えず、悪臭やカラスの侵入をさけられる。写真は三重県津市にある津市一般廃棄物最終処分場。
（写真提供：津市）

海面にある最終処分場
まわりを「鋼管矢板」という鉄の壁などで仕切り、その中に土砂をうめて陸をつくり、そこにごみをうめていく。写真は東京都がごみや灰をうめ立てる処分場として管理している、中央防波堤外側埋立処分場（赤）と新海面処分場（青）。
（写真提供：東京都環境局）

遠くへ運ばれる灰やごみ

2022年度時点で、全国で1557か所の最終処分場があります。すべての市町村がそれぞれ処分場をもっているわけではありません。たとえば、東京23区では、都営の処分場を共同で利用しています。埼玉県では、県内の市町村が、県営の処分場を共同で利用しています。

近場でうめ立て可能な処分場を確保できない市町村は、県外などの遠くへごみや灰を運ぶ必要があります。2021年度に全国で排出された最終処分される灰やごみは合計約342万トン。そのうちの6.4％にあたる約22万トンが、排出された都道府県外の処分場で最終処分されています。

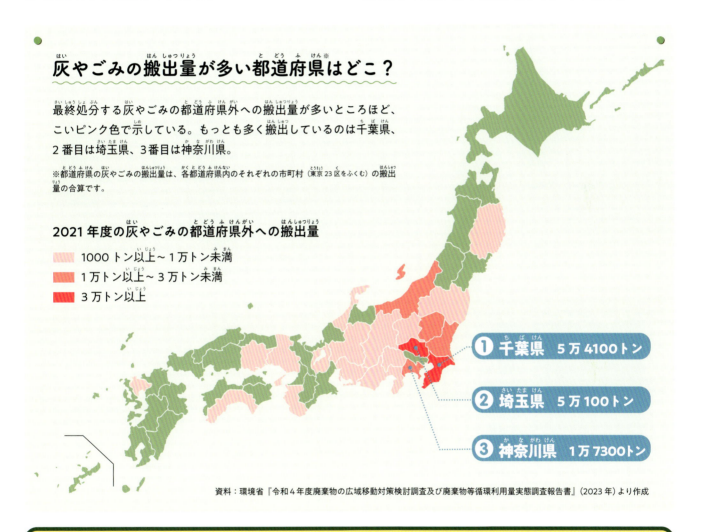

灰やごみの搬出量が多い都道府県はどこ？

最終処分する灰やごみの都道府県外への搬出量が多いところほど、こいピンク色で示している。もっとも多く搬出しているのは千葉県、2番目は埼玉県、3番目は神奈川県。

※都道府県の灰やごみの搬出量は、各都道府県内のそれぞれの市町村（東京23区をふくむ）の搬出量の合算です。

2021年度の灰やごみの都道府県外への搬出量
- 1000トン以上〜1万トン未満
- 1万トン以上〜3万トン未満
- 3万トン以上

① 千葉県　5万4100トン
② 埼玉県　5万100トン
③ 神奈川県　1万7300トン

資料：環境省『令和4年度廃棄物の広域移動対策検討調査及び廃棄物等循環利用量実態調査報告書』（2023年）より作成

関東から東北へ灰を搬出　千葉県松戸市

千葉県松戸市は、ごみの一部の処理を近隣の市町村などにお願いしています。ごみをもやしたあとに残る灰などは、最終処分場にうめ立てられたり、スラグ（→P.30）にリサイクルされたりします。このうち、うめ立てられている灰は、遠いところだと秋田県小坂町にある処分場まで運ばれるものもあります。ただ、灰を運ぶには、車や電車を使うため、燃料や人手が必要となります。みんなでできるだけごみの量をへらすよう、心がける必要があります。

> この問題は、松戸市だけでなく、いろいろな市町村がかかえている問題なんだ。

灰をうめ立てる　最終処分場

ごみや灰のうめ立て方

海面にある最終処分場（➡P.34）で灰をうめ立てているようす。（写真提供：東京都環境局）

土をかぶせてうめ立てる

　灰やごみをうめ立てたあと、そのままにしておくと、ハエなどの虫や悪臭が発生します。それをふせぐためには、灰やごみをうめた上に、土をかぶせる必要があります。これを「ふく土」といい、一般的な最終処分場では、灰やごみの層おおむね3メートルごとに、50センチメートルほどのふく土をすることが定められています。

灰の上に土をかぶせる作業。（写真提供：東京都環境局）

もっと知りたい　そのままうめ立てられていたごみ

　1990年代まで東京23区では、ごみの一部は清掃工場でもやさずに、直接最終処分場でうめ立てていました。直接うめ立てられた生ごみの悪臭はものすごく、ハエなどが大量発生していました。また、地中で発生するメタンガスによる火災も起こっていたそうです。

（写真提供：東京都）
1992年の東京都の中央防波堤外側埋立処分場のようす。

うめ立て方式（陸上うめ立ての場合）

灰やごみをうめ立てたあと、ふく土をおこなう。うめ立てがあるていど進むと、雨水がしみこむのをさけるため、「中間ふく土」をおこなう。

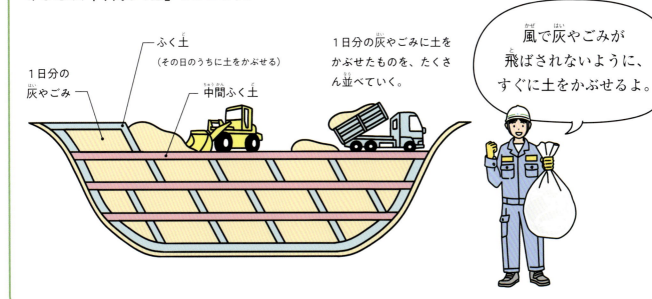

風で灰やごみが飛ばされないように、すぐに土をかぶせるよ。

最終処分場ではたらく人に聞いてみよう

Q 処分場ではどのような仕事をしていますか？

A 東京都の中央防波堤外側埋立処分場の管理をしています。処分場で安全に作業ができるよう、パトロールをおこなうほか、ごみをうめ立てるための「空け場」とよばれるスペースがどれだけあるのか確認したり、灰を運んでくるトラックに指示を出したりしています。強風でごみが飛ばないように土をかぶせるのも大切な仕事です。

東京都廃棄物
埋立管理事務所
坂田 直之さん

Q 仕事をおこなう上でたいへんなこと、気をつけていることはなんですか？

A 処分場はとても大きいので、空け場にどれくらいのごみを入れられるのか、土をかぶせるにはトラック何台分が必要なのかということを細かく計算するのはとてもたいへんです。最初のころは計算にとても苦労しました。また、灰やごみの運搬車や見学者も多いため、場内を安全に走行できるように、注意しています。

決められた場所にごみを下ろすようす。
（写真提供：東京都環境局）

灰をうめ立てる　最終処分場

最終処分場を長く使うために

最終処分場内にある、ほり起こしたごみを選別する施設。
（写真提供：西秋川衛生組合）

かぎりある最終処分場

最終処分場の容量には、かぎりがあります。2022年度、処分場に運ばれた灰やごみの量は、合計約337万トン。新しく処分場をつくるには、たくさんの費用がかかり、まわりの環境への影響も心配されます。

少しでも処分場を長持ちさせるため、うめ立てられているごみをほり起こし、もやして灰にして容積をへらしたり、資源を選別したりといった、取り組みがあります。

ほり起こしたごみ。ビニールやプラスチックなどがある。
（写真提供：西秋川衛生組合）

最終処分場はあとどれくらい使えるの？

2022年度の全国の最終処分場の残りの容量は、約9666万立方メートル。使える年数は、約23年と見つもられている。

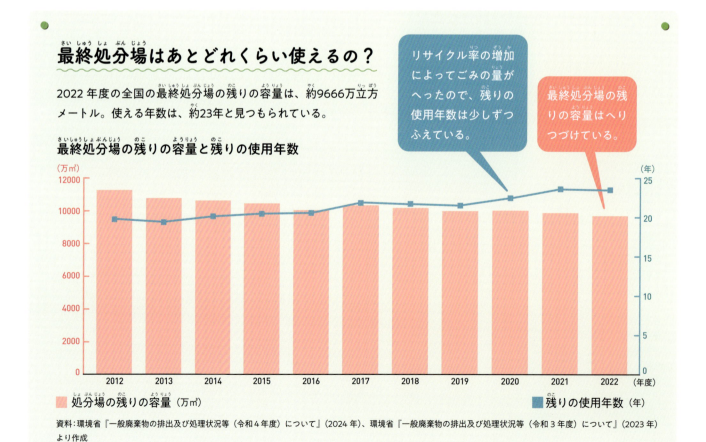

最終処分場の残りの容量と残りの使用年数

リサイクル率の増加によってごみの量がへったので、残りの使用年数は少しずつふえている。

最終処分場の残りの容量はへりつづけている。

資料：環境省『一般廃棄物の排出及び処理状況等（令和4年度）について』(2024年)、環境省『一般廃棄物の排出及び処理状況等（令和3年度）について』(2023年) より作成

最終処分場の あと地利用

うめ立てて終わりではない

最終処分場は、うめ立てが終了したあとも適切に管理しなければなりません。

浸出水（→P.32）の処理をつづけ、数年間は浸出水の水質やガスの発生などを監視します。監視したあと、問題がなければ、多くの場合、公園やスポーツ施設などに利用されます。

公園

農地（水耕栽培など土を使わない農業）

うめ立て終了した
最終処分場
十分な監視期間を経て安全性が確認されたら、地域のために、有効に利用することができる。

グラウンド・スポーツ施設

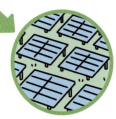
太陽光パネル

最終処分場のあと地に建設された北海道札幌市のモエレ沼公園。公園の中には、野球場、テニスコート、遊び場などがあり、市民が集まる場となっている。（写真提供：モエレ沼公園）

東京都江東区にある夢の島公園。1957年にうめ立てが開始された人工島。熱帯植物館もある。（写真提供：都立夢の島公園）

処分場のあと地をビオトープに

福岡県北九州市

北九州市の響灘地区には、処分場のあと地に、日本最大級のビオトープがあります。ビオトープとは、「生き物がくらす場所」という意味で、昆虫、鳥、魚などの生き物がたくさん見られます。最終処分場のあと地とは思えないほど、自然豊かな場所になっています。

ビオトープでの自然観察会のようす。
（写真提供：北九州市響灘ビオトープ）

おわりに

ごみのゆくえを調べてわかること

　ごみの処理には、さまざまな人がかかわり、さまざまな技術も使われていることがわかりました。このおかげで、町がごみだらけにならず、みなさんが安心してくらすことができるのです。しかし、最新の技術をもってしても、最終処分場の残りの容量だけは、解決をするのがむずかしいでしょう。そのためには、ふだんからごみをへらすための努力やくふうが必要となってくるのです。そこでぼくから3つの提案をします。

① 食べられる量だけ買う、調理する

生ごみには、食べ残し、手つかずの食品などがふくまれています。食べられる量だけ買い、調理すれば、生ごみをへらせます。このように、ごみをへらす取り組みを「リデュース」といいます。

② 資源になるものを分別する

もえるごみの中には、まだまだ資源になるものがふくまれています。たとえば、雑がみは紙ごみではなく、古紙としてリサイクルできます（➡4巻）。本当にごみとして捨ててよいものか、よく考えて分別しましょう。

③ 生ごみをリサイクルする

生ごみをたい肥に変える「コンポスト」という技術があります。たい肥は家庭菜園の土にまけば、よい肥料になりますので、生ごみのリサイクルも考えてみましょう。

> みんなで取り組めば、ごみを大きくへらすことができるはず！

滝沢秀一

さくいん

この本に出てくる、おもな用語をまとめました。見開きの左右両方に出てくる用語は、左のページ数、もしくはくわしく説明してあるページ数を記載しています。

あ
- SDGs（Sustainable Development Goals） …… 4巻
- エコセメント …… 31

か
- ガス化溶融 …… 30
- 家電リサイクル法 …… 5巻
- 金属製錬所 …… 9
- 小型家電リサイクル法 …… 5巻
- 戸別収集 …… 12
- ごみクレーン …… 16、21、23
- ごみ固形燃料 …… 8、29
- ごみステーション …… 12
- ごみピット …… 16、21
- ごみホッパ …… 21、23
- コンポスト …… 40

さ
- 最終処分場 …… 9、17、26、31、32、34、36、38、40
- 資源 …… 3、4、6、8、12、28、30、38、40
- 磁選機 …… 26
- 指定ぶくろ …… 10
- 収集作業員 …… 12、14
- 収集車 …… 8、12、14、20
- 集積所 …… 8、12、14
- 蒸気タービン発電機 …… 17、18、24
- 焼却灰 …… 16、23、26
- 焼却炉 …… 16、18、21、22、26
- 食品ロス …… 7
- ステーション収集 …… 12
- ストーカ式焼却炉 …… 23
- スラグ …… 9、27、30
- 清掃工場 …… 4、7、8、12、14、16、18、20、22、24、26、30、36
- 製品プラスチック …… 5
- セメント …… 9、31
- 剪定枝 …… 5、8、28

た
- ダイオキシン …… 22、25
- たい肥 …… 8、28、40
- 鉄鋼製品 …… 9

な
- 生ごみ …… 4、7、8、13、28、40
- 生ごみ処理機 …… 29

は
- 灰 …… 8、9、16、22、26、31、32、34、36、38
- バイオマスプラスチック …… 11
- 排ガス …… 16、18、23、24
- ばいじん …… 17、25
- 灰ピット …… 17、23、26
- 灰溶融炉 …… 27
- 灰冷却装置 …… 17、22、26
- パッカー車 …… 14
- 発電 …… 8、16、24、28
- 微生物 …… 28、32
- 飛灰 …… 25、27
- 肥料 …… 8、40
- 覆蓋式処分場 …… 34
- ふく土 …… 36
- プラスチック製容器包装 …… 7
- 分別 …… 3、4、6、8、28、40
- ボイラ …… 16、23、24

ま
- メタル …… 30
- メタンガス …… 28、36
- 木材チップ …… 8、29

や
- 容器包装リサイクル法 …… 3巻

ら
- リサイクル …… 3、4、6、8、28、31、40
- リデュース …… 40
- リユース …… 2巻 3巻 4巻
- ろ過式集じん器 …… 17、25、27

監修	松藤敏彦（まつとうとしひこ）

北海道大学名誉教授。1956年北海道生まれ。北海道大学大学院工学研究科博士課程修了。工学博士。専門は廃棄物処理工学。ごみの発生から最終処分まで、ごみ処理全体の研究をしている。主な著書に『科学的に見るSDGs時代のごみ問題』（丸善出版）、『ごみ問題の総合的理解のために』（技報堂出版）、監修に『調べよう　ごみと資源』（全6巻／小峰書店）、『ポプラディアプラス　地球環境』（全3巻／監修分担／ポプラ社）などがある。

協力	滝沢秀一（たきざわしゅういち）（マシンガンズ）

お笑い芸人兼ごみ清掃員。1976年、東京都出身。太田プロダクション所属。東京成徳大学在学中の1998年、西堀亮とお笑いコンビ「マシンガンズ」を結成。2012年、妻の妊娠を機に、ごみ収集会社で働きはじめる。2018年、エッセイ『このゴミは収集できません』（白夜書房）、2019年、漫画『ゴミ清掃員の日常』（講談社）、『ごみ育』（太田出版）などを出版。2020年10月、環境省『サステナビリティ広報大使』に就任。2023年5月、コンビとしてフジテレビ『THE SECOND～漫才トーナメント～』にて準優勝。ごみ収集の体験をもとにSNSや執筆、講演会などで発信している。

編集・制作	株式会社 KANADEL
装丁・本文デザイン	河内沙耶花（mogmog Inc.）
表紙イラスト	村本ちひろ
本文・見返しイラスト	大原沙弥香　加藤愛一　鈴木暢男　ミヤザキコウヘイ
校正	有限会社 一梓堂
取材・撮影協力　五十音順	金沢市、亀岡市／大阪和田化学工業株式会社、川上村、北九州市響灘ビオトープ、公益財団法人東京都環境公社、公益財団法人ふくおか環境財団、札幌市、東京たま広域資源循環組合、東京都港区、広島市環境局中工場／設計：谷口建築設計研究所、松戸市、和名ケ谷クリーンセンター
写真・画像提供	阿南市、株式会社ミライエ、鎌倉市公式note、北九州市響灘ビオトープ、公益財団法人ふくおか環境財団、公益社団法人食品容器環境美化協会、小牧岩倉衛生組合、津市、東京たま広域資源循環組合、東京都、東京都環境局、都立夢の島公園、西秋川衛生組合、広島市環境局中工場／設計：谷口建築設計研究所、福島市役所、プラスチック容器包装リサイクル推進協議会、PETボトルリサイクル推進協議会、町田市、真庭市くらしの循環センター、モエレ沼公園、和名ケ谷クリーンセンター、Aflo、PIXTA、フォトライブラリー、p8, p29［ごみ固形燃料］©Fun4life.nl at Dutch Wikipedia　CC BY-SA 3.0<https://creativecommons.org/licenses/by-sa/3.0/>）、p23［ストーカ］©函館ハイトラストウェブサイト　クリエイティブ・コモンズ・ライセンス 表示-非営利 2.1<https://creativecommons.org/licenses/by/2.1/jp/>

図解でまるわかり！ ごみのゆくえとリサイクル

① もえるごみ

発　行	2025年4月　第1刷
監　修	松藤敏彦
協　力	滝沢秀一
発行者	加藤裕樹
編　集	崎山貴弘
発行所	株式会社ポプラ社 〒141-8210　東京都品川区西五反田3-5-8　JR目黒MARCビル12階 ホームページ　www.poplar.co.jp（ポプラ社） kodomottolab.poplar.co.jp（こどもっとラボ）
印刷・製本	TOPPANクロレ株式会社

©POPLAR Publishing Co.,Ltd. 2025　Printed in Japan
ISBN978-4-591-18477-6／N.D.C.518／41P／29cm

落丁・乱丁本はお取り替えいたします。
ホームページ（www.poplar.co.jp）のお問い合わせ一覧よりご連絡ください。
本書のコピー、スキャン、デジタル化等の無断複製は著作権法上での例外を除き禁じられています。
本書を代行業者等の第三者に依頼してスキャンやデジタル化することは、たとえ個人や家庭内での利用であっても著作権法上認められておりません。

まなびをもっと。
こどもっとラボ

P7267001